新农人的气象智慧书

温晶　钱美　叶萌　编著

气象出版社
China Meteorological Press

图书在版编目（CIP）数据

新农人的气象智慧书 / 温晶，钱美，叶萌编著. 北京 ： 气象出版社，2025. 3. -- ISBN 978-7-5029-8468-7

Ⅰ. S16-49

中国国家版本馆 CIP 数据核字第 2025NE5678 号

新农人的气象智慧书

Xinnongren de Qixiang Zhihui Shu

出版发行：气象出版社

地　　址：北京市海淀区中关村南大街 46 号　　**邮政编码**：100081

电　　话：010-68407112（总编室）　010-68408042（发行部）

网　　址：http://www.qxcbs.com　　**E-mail**：qxcbs@cma.gov.cn

责任编辑：张玥滢　邵　华　　**终　　审**：张　斌

责任校对：张硕杰　　**责任技编**：赵相宁

设　　计：北京追韵文化发展有限公司　　**制　　图**：李　晨

印　　刷：北京地大彩印有限公司

开　　本：710 mm × 1000 mm　1/16　　**印　　张**：5.5

字　　数：40 千字

版　　次：2025 年 3 月第 1 版　　**印　　次**：2025 年 3 月第 1 次印刷

定　　价：35.00 元

目录

第一章 带你看懂天气预报

第 1 讲　天气预报到底准不准

每天中央电视台《新闻联播》后都会播出未来 3 天全国的天气预报。天气预报到底准不准？

天气预报是预报员根据过去和现在的大气要素，包括地面气象站、气象卫星、天气雷达等监测技术，利用现代预报技术手段和方法，运用天气学、天气动力学、统计学等知识，结合气象预报人员自己长期积累的经验判断，对未来某一区域的大气状态及可能影响进行计算、推演、评估而开展的预测，并向社会发布的一种活动。也就是说，天气预报是

综合观测业务示意图

一种对某地未来一定时间内的天气状况作出的预测，考虑属于预测性质，因而允许具有一定的不确定性。同时，不同的预报员，对未来的天气状况也有不同的观点和看法，因此，在讨论的过程中也会出现意见的分歧和不统一，但对社会公布的预报则是必须经过严格的会商，已达成共识的。

那么，现在我国天气预报的准确率怎么样呢？天气预报包含了一般的晴雨预报和暴雨等灾害性天气预报。晴雨预报的准确率即预报未来 24 小时某地是“晴天”还是“有雨”，在这方面目前我国气象部门平均水平已经达到 87%，预计 2025 年可以达到 90%。每年夏季，我国强对流天气发生频率会增加，受地形等多因素影响，往往局地暴雨出现的可能性增大，这个时候的天气预报准确率就会低一些，但是借助新技术监测手段，如卫星云图、天气雷达等，目前我国暴雨预警的准确

收看天气预报

率高达 91%。对于如此高的预测准确率，人们理应非常重视当地气象部门发出的预警信息，尤其是山地区域，更应及早做好洪水、山体滑坡等防御措施。不过随着所预报时段的提前时间增加，不确定性因素的干扰、时间长度的累积效应也越加明显，天气预报的难度也将逐步增加，因此，一般来说，短期天气预报比中长期天气预报准确率要高。

总而言之，目前的天气预报可信度是极高的，虽然在日常中也经常发现存在偏差，但是大家应该充分理解和信任，并作为生活、工作、生产活动的参考。

第 2 讲　阴天和晴天怎么判断

留意天气预报的人时常会关注到，天气预报中不时会出现“阴天”“晴天”的字眼，那么“阴天”和“晴天”具体含义是什么？一般人都会认为“阴天”是满天都是云，完全看不到太阳，甚至有人会用成语“暗无天日”“黑云压顶”“乌云滚滚”来比喻。而“晴天”则完全相反，天上不见一丝云，用成语“碧空如洗”“晴空万里”来比喻。真是这样的吗？

气象部门规定，“天空无云或者总云量小于1成”为“晴天”，晴天也是允许有云的，但不能超过所见天空的10%；“天空中有中、低云8成以上”为“阴天”，也就是说，即使有20%的天空露出阳光或者光线也称为“阴天”。所以晴天、阴天不是绝对的一种状态，有判定的阈值。

“阴天”和“晴天”是对天空状况的表述，而天空状况描述的是某地上空的云量状态，包括天空中云量、云的属性、云距地高度等大气状况，其表述主要依据天空中云量多少来定。天气预报中对天空状况的表述还有少云、多云等，比如，“天空中有中、低云1～3成，或高云4～5成”为“少云”，“天空中有中、低云4～7成，或高云6～10成”为“多云”。

中华民族自古就有注重观天象的传统，并根据天气的状态给出很多日常生活、农业生产乃至发动战争的依据，其中之一就是云状观察，因此，我国不少观云识天气的谚语都具有实用的指导意义。低云族中多数云种会有降雨或降雪出现，其中雷暴、冰雹、暴雨等强对流天气多发生在积雨云中。“天有城堡云，地上雷雨临”“天上铁砧云，很快大雨淋”“黄云上下翻，将要下冰蛋”说的就是积雨云，积雨云

底往往是乌黑的，遇见就要准备赶紧找地方避雨了。

中、高云族只有少数云种会出现降雨或降雪，对中云和高云前人也总结出了不少的谚语。如“天上鱼鳞斑，明天晒谷不用翻”指的是中云族中的透光高积云出现第二天多是晴好天气，所以可以放心晒谷了；而沿海渔民又说“鱼鳞天，不雨也风颠”，“鱼鳞”就是高云族中的卷积云，当看到高云族中的卷积云则预示近期会刮风或下雨。因此，大家要密切关注气象台发布的相关气象灾害预警信息。

积雨云

第 3 讲　小雨、中雨和大雨有什么不同

俗话说，“细雨没久晴，大雨无久落”，说的是连绵细雨虽然不大但是下得时间长，倾盆大雨下得猛烈但是下不了多久就会停。此处的大雨、小雨属于定性名词，不是定量的。天气预报中的小雨、中雨和大雨是怎么区分的呢？

降雨分为微量降雨（零星小雨）、小雨、中雨、大雨、暴雨、大暴雨、特大暴雨共 7 个等级（表 1）。降雨等级划分是根据 12 小时或 24 小时时段内测得的降水量大小划分

雨中的植物

表 1　不同时段的降雨量等级划分表[1]（单位：毫米）

等级	降雨量	
	12小时降雨量	24小时降雨量
微量降雨（零星小雨）	＜0.1	＜0.1
小雨	0.1～4.9	0.1～9.9
中雨	5.0～14.9	10.0～24.9
大雨	15.0～29.9	25.0～49.9
暴雨	30.0～69.9	50.0～99.9
大暴雨	70.0～139.9	100.0～249.9
特大暴雨	≥140.0	≥250.0

的。简单而言，小雨、中雨、大雨是以在规定时间内测得的降水量作为判定标准，而不是根据雨滴的大小来区分的哦！

小雨、中雨、大雨除了降雨量的大小不一样外，带来的影响也是不一样的。一般来说，小雨、中雨、大雨在半天或1天内持续下落而测得，会有“随风潜入夜，润物细无声”的感觉；但是如果小雨、中雨、大雨在1小时内或更短

时间内出现，那就不是“润物细无声”了，即使是小雨（瞬时降落）也可能带来较大影响，中雨或大雨则极有可能引起局地内涝或者泥石流、山体滑坡等次生灾害。比如在春、夏两季是突发短时强降水多发的时段，偶尔会出现短时间的强降水、雷暴天气，12 小时累计降雨量可能也不超过 15 毫米，属于中雨量级降水，但是由于急骤降水，排水速度比雨落到地面的速度小，容易出现局地内涝积水现象，造成一定的危害。另外，当 1 小时内测得的降雨量超过 20 毫米时称

洪水里的玉米植株

为强对流天气，常常伴有雷雨大风等灾害性天气，影响会更大，比如大风会导致树木折断和倒伏、简易房屋被吹倒等，还可能会引发农田浸水、内涝、山洪、泥石流等次生灾害，因此，要格外注意做好防御。

第 4 讲　降雪量和积雪深度的区别

2023 年 12 月 22 日“中国雪窝”山东威海文登测得积雪深度 74 厘米、降雪量为 11.2 毫米，同一场雪为何观测数字不一样呢？降雪量和积雪深度有啥区别呢？

降雪属于固态降水，降雪量指的是从天空降落到地面上的固态（降雪）降水，（经融化后）未经蒸发、渗透、流失而在水平面上积聚的深度，以毫米为单位，取 1 位小数。积雪深度即雪深，指的是积雪表面到下垫面的垂直深度，单位为厘米。降雪分为微量降雪（零星小雪）、小雪、中雪、大雪、暴雪、大暴雪、特大暴雪共 7 个等级（表 2）。

降雪量与积雪深度的区别是，首先降雪量的测量是要雪融化后测量的水层深度，而积雪深度是直接测量雪覆盖下

表 2　不同时段的降雪量等级划分表 [2]（单位：毫米）

等级	降雪量	
	12小时降雪量	24小时降雪量
微量降雪（零星小雪）	＜0.1	＜0.1
小雪	0.1～0.9	0.1～2.4
中雪	1.0～2.9	2.5～4.9
大雪	3.0～5.9	5.0～9.9
暴雪	6.0～9.9	10.0～19.9
大暴雪	10.0～14.9	20.0～29.9
特大暴雪	≥15.0	≥30.0

雪后景观

垫面的深度；其二，两者的计量单位也不一样，降雪量单位为毫米，积雪深度单位为厘米。下雪到一定程度才会产生积雪，降雪量越大，积雪的深度就会越深，对生活、农事的影响就越大。

下雪对农村生活的影响是多方面的，俗话说，“冬雪是麦被，春雪是麦害”，说明下雪有利有弊。有利的是：冬雪可以冻死部分病虫害，净化土壤，来年病虫害少；冬雪如被子覆盖大地，起到保温作用，保护麦苗过冬；降雪犹如降雨，来年雪融化给农作物提供了生长所需的水分。

被雪压弯的作物

降雪也会带来不利的影响，如下雪会减少地面摩擦，增加滑倒风险，交通运输、出行受阻，外出劳作、农业生产受到影响；寒冷天气，室内取暖通风不当容易引发一氧化碳中毒事件，寒冷空气容易诱发呼吸道等健康问题；过早或过强的降雪，可能导致农作物被冻伤或死亡，影响收成；春天时节，麦子已经长高，积雪可能压弯或压断麦子的空心茎秆，春雪还可能带来低温，导致麦子受冻害，影响其正常生长；积雪过厚可能压塌温室或大棚。因此，春天出现大雪或暴雪天气时，需要及时清理积雪。

俗话说，“瑞雪兆丰年”“冰天雪地也是金山银山”。雪，给人们带来童话般的白色世界，滑冰、堆雪人、做冰雕，赏雪游玩，快乐丰登！但也要清楚，降雪也会带来可怕的灾害，因此要在相关部门的指导下积极应对各种降雪所带来的灾害。

第 5 讲　天气预报中的时间问题

云起云散、时晴时雨、忽冷忽热，大自然每天都在风云变幻，天气预报是预测未来一定时段内的天气状况，在收

看或收听天气预报的时候就要关注3个“时间”问题：第一个“时间”是预测的未来哪个时间段的天气状况；第二个“时间”是天气预报发布的时间；第三个“时间”是天气预报更新的间隔时间。这3个时间有什么作用呢?

第一个“时间”是预测的未来哪个时间段的“时间”。气象部门对公众发布的是短时、短期及中长期的天气预报。短时天气预报指的是未来3小时内的天气状况预测，常见的突发性、短时性强对流天气如雷雨大风、龙卷等往往难以

时晴时雨的天气

准确捕捉具体发生时间和准确区域，当气象台根据实时更新的监测资料分析发现有上述天气发生时会发出相应的预警信息，这个预测属于短时天气预报范畴。短期天气预报指的是未来 3 天的天气状况预测，分为未来 24 小时、48 小时、72 小时，每天中央电视台《新闻联播》后播出的天气预报属于短期天气预报，描述的是未来 3 个 24 小时时间段的天气状况，如果预测有灾害性的天气发生时可以提前 1 ～ 3 天做出防御，减免损失。中长期天气预报顾名思义就是未来更长时间的天气状况或趋势预测，目前未来 14 天内的天气预测称为中期，未来 15 ～ 30 天的预测称为延伸期，30 天以上的称为长期，长期预测一般是趋势预测，中长期天气预测可为出行或工作计划等提供参考。以灾害性天气预测准确率为例，短时预报的准确率是最高的，长期准确预测最难，关注天气预报必须要知道预测的是未来具体的哪个时间段，才能及时做出有效的防御和自救措施。

第二个“时间”是天气预报发布的时间。天气预报不是固定不变的，因为预报员们是根据不断采集的各种监测数据，凭借自身的经验，利用数学模型和计算机软件工具进行

科学计算、分析未来天气变化，及时更新、调整天气预测结论的，因此，在了解天气预报预测时段后还要关注天气预报、气象灾害预警信号等的发布时间。在天气多变的季节，突发性的灾害性天气来得急而短，往往提前预测提前量短，关注天气预警的发布时间尤为重要，看最新的天气预报才能掌握最新的天气发展状态，确定最合理的防灾救灾方案，组织最有效的防御。

第三个“时间”是天气预报更新的间隔时间。根据不同的天气预报时效，天气预报的更新间隔是不一样的，一般而言，短时预报每 3 小时更新一次；短期预报以 08 时为界，每天 08 时、20 时前各更新 1 次；4 ～ 14 天的中期预报每天更新；旬报、月报、季报更新间隔分别为每旬、每月、每季度。了解天气预报的更新间隔才可以即时关注到最新发布的天气预报，为出行和工作、生产活动做出更好的准备。

简而言之，天气预报是滚动更新、及时订正、时效性强的信息发布，需要关注天气预报中的 3 个“时间”概念，才能保证安全活动、有效防御！

第 6 讲　“局部地区”到底是哪里

近年来，不少人对天气预报中经常会出现的“局部地区”表示困惑，并追问到底“局部地区”在哪里呢？天气预报中什么时候会出现“局部地区”呢？

要回答上述问题，首先要知晓“局部地区”不是某一个固定的地区，当预报服务区域范围内有 1 ~ 2 成区域的天气可能“与众不同”时，就会在预报中使用“局部地区”来进行描述。

引起天气变化的系统往往具有一定的结构特征，不管是空间大小还是时间长度都会呈现不同特征，通常气象上用“天气尺度”来表征，因此是无法量化确定的。天气尺度分为行星尺度、大尺度、中尺度、小尺度和微尺度。空间尺度从几十米到上万千米，影响范围差距大、程度不均，为了能客观地描述预报服务区域内的天气状况，只能启用“局部地区”。无论是天气尺度大的天气系统，还是影响范围只有几十米的“移动云团”，都有可能用“局部地区”来预测。

过云雨

受雷雨大风影响折断的树木

所以，“局部地区”指的是预报范围内出现“与众不同”天气的小区域，是一个泛指概念，只是代表着一种可能出现的概率，表示某种“特别一些的天气状况”可能会在本次预报区域内的“某些地区”出现而已，因此，只是提醒大家，要留意这种特别的天气状况可能存在。

第 7 讲　天气预报获取方式

天气预报与生活、工作、出行息息相关，每天《新闻联播》后都会播放天气预报，在网上、手机上也有不少的提供天气预报的网站、App 等，获取权威天气预报的方式有哪些呢？

各级气象主管机构所属的气象台站会向社会发布公众气象预报和灾害性天气警报，并根据天气变化情况及时补充或者订正。获取天气预报的方式有很多，气象部门会通过电视、电台、微博、微信、手机短信、农村气象预警大喇叭等公众媒体渠道发布。网上可以查阅当地气象部门官网、中国天气等网站；手机用户可以关注“地名 + 天气”公众号；农村、偏远山区等地区气象部门会通过农村气象

预警大喇叭向公众传播气象预警和提供专业气象服务。

天气预报发布是有《中华人民共和国气象法》“保驾护航”的哦！只有各级气象主管机构所属的气象台发布的才是合法的，其他任何组织或者个人不得向社会发布公众气象预报和灾害性天气警报。公众要寻求正确的途径去获取到可信的气象预报和灾害性天气警报，要切记哦！

第二章 多变的春季

胜日寻芳泗水滨，无边光景一时新。

等闲识得东风面，万紫千红总是春。

春季，四季之首，万物复苏，寒冷的冬季逐步退去，大地开始苏醒，按照节气划分，春季从立春（2月2日至5日之间）开始，到立夏（5月5日至7日之间）结束，含有立春、雨水、惊蛰、春分、清明、谷雨等节气，但通常会将每年的3—5月称为春季时段。

春意盎然

《黄帝内经》云，“春三月，此谓发陈，天地俱生，万物以荣”。春天，标志着新的农耕季节的开始，北方3月开始气温逐渐回升，华南地区南部已在2月中旬进入春播期。春天更是一个忙碌而重要的季节，农民将希望的种子播在生机勃勃的田野上，等待着收获的幸福。

春天天气最大的特点就是变幻莫测，时而阳光明媚，温暖如春，时而阴雨绵绵、飘飘洒洒，转瞬之间，又狂风大作、乌云密布。“春天孩儿面，一天变三变”，一天中不时会或晴或雨、乍暖还寒，好似小孩子易哭易笑一样多变。我国春季自北向南的天气各有不同，北方受冷空气影响会有大风、降雪、沙尘暴等天气；南方暖湿气流与冷空气相遇会激发暴雨、飑线、龙卷、短时雷雨大风等强对流天气，华南地区的春季还会出现“回南天”现象。前一刻还穿着轻薄的外套，下一刻便羽绒服加身，每一次天气的转变都像是大自然的玩笑，让人在欢笑与叹息中，感受着春天那独特而迷人的善变。

第 1 讲　大风天注意保暖

春季，北半球太阳高度角渐增，气温从南向北逐步升高，但冷空气影响仍然存在，造成南北气压差增大，容易出现大风天气。白天阳光明媚，气温逐渐回升，人体舒适度较高，但到了夜晚温度下降后，体感就会寒冷，气温骤降骤升、波动频繁。这种大幅度的温差变化往往对人体健康产生影响，容易造成流行性感冒。古人云“春捂秋冻”“春寒料峭”，需要捂住保暖，不能贪一时凉爽让大风猛吹，引起感冒等疾病。

大风还会携带许多灰尘和颗粒物，对呼吸系统造成刺激，易引发过敏和呼吸道疾病。因此，在春季大风天气时，应尽量减少户外活动，及时增加防寒衣物，特别注意头颈部、腹部、背部与足部的保暖，应对温度骤降。在室外时应适量增加衣物，室内时可选择轻便、舒适服装，注重四肢部位的保暖，及时增减外套。同时，均衡饮食，摄入必要的营养物质，及时补充水分，适当佩戴口罩，以减少大风天气对身体的不良影响。

在家做好保暖措施

春季正是开始耕种的时节，大风对农作物的影响也不小。农作物的受害程度因风力、株高、密度、行向和生育期等而异。春季的大风可以使农作物幼苗折断枯死；在开花期遇上大风会影响授粉；在成熟前遇上大风会引起农作物植株倒伏、折断、吹掉果实。大风会加速农作物叶片表面水分散失，引起不正常的蒸腾作用，从而导致植株因失水而凋萎，严重时甚至枯死。在春季和初夏，长时间的大风，会使土壤水分大量蒸发，加重干旱。大风还会增加病原体随风灾传播的可能，使植物病害蔓延，如传播黏虫、飞蝗等，传播病虫害[3]，同时还可能扩散各种污染物。

因此，要根据天气预报合理安排早稻播种。如播种期遇到倒春寒，则需要精细整地、开好厢沟，为早稻灌水保温；在大风之前不要灌水，避免土壤松散、植株吸水增重倒伏，待大风过后天晴时再开展深水护苗；同时，及时做好病虫害防治，灾后及时补苗补种。对于大棚内设施农业，应关注棚内温湿度变化，根据棚内作物需求及时调整，促进棚内蔬果正常生长，有效避免或减轻大风带来的损失。

第 2 讲　沙尘时关紧门窗

沙尘天气，指的是由于沙尘暴或沙尘天气系统带来的大量沙尘颗粒悬浮在空气中的天气现象，对于南方朋友也许比较陌生，但北方时有发生。依据沙尘天气发生时的水平能见度并参考风力大小，沙尘天气分为浮尘、扬沙、沙尘暴、强沙尘暴和特强沙尘暴 5 个等级。发生沙尘天气，当水平能见度：小于 1 千米时为沙尘暴、小于 500 米时为强沙尘暴、小于 50 米时为特强沙尘暴，能见度在 1 千米以上的

为沙尘或扬沙天气。沙尘天气主要发生在春季，春季万物初生，植被尚在恢复覆盖过程中，地表多处于裸露状态，为沙尘天气形成提供了基础条件。干燥的土地表面的沙尘颗粒被风吹起并卷入空中，就形成沙尘天气。

沙尘天气发生时候，空气中富含的悬浮沙尘颗粒物，不仅会降低空气质量，还会降低空气的能见度，给交通出行和日常生活带来不便，其内含的细小颗粒物，如石英、黄土等，还有病原细菌等微生物，对呼吸系统有强烈的刺激作用，容易引发过敏、哮喘等呼吸道疾病，对人体健康产生较大影响。

沙尘暴

那么，在沙尘天气中如何自我保护呢？

首先，关紧门窗，避免沙尘进入室内是保护人体健康的重要措施。室内的灰尘和沙尘需要及时清理，保持室内清洁。当沙尘天气减弱或消散时，可以打开门窗进行通风，同时适当通风将室内的沙尘排出，恢复室内空气的清新。空气干燥时室内可以使用加湿器，以及洒水、用湿拖把拖地等方法，以保持空气湿度适宜。设置新风系统，为居室送入过滤后的洁净空气。

沙尘天气时关闭门窗并打开空气净化器

其次，还可以通过佩戴口罩、减少户外活动、及时清洁身体和衣物来应对沙尘天气。非必要不出门，必须的户外活动则尽量戴上带呼吸阀的透气型防尘口罩。

最后，多喝水，多用盐水漱口。沙尘天气使空气中的一些悬浮颗粒浓度增加，容易导致人体喉咙不适和咳嗽，大风吹起，吹干皮肤，因此，及时补充水分也是非常必要的，可以用淡盐水漱口、多喝水。

在春季，经常受到大风沙尘天气的威胁，每次大风沙尘天气都伴随不同程度的降温，使大棚损坏、幼苗受冻害，甚至被风吹断秧苗，为了更好地应对大风沙尘对农业的影响，要时刻关注天气预报，在大风来临之前做好应对：加固温室大棚、提前停止灌水，利用烟雾防冻等措施，降低减少大风沙尘对农业的影响。

第 3 讲 “回南天”除湿防潮

“回南天”是南方沿海地区一种独特的天气，指每年春天气温开始回暖而湿度短时间内猛烈回升造成的一种天气“返潮”现象。其成因主要有两个：其一，冷空气过境低温覆盖较长时间是“回南天”形成的基础条件之一，此时水泥地面、建筑物，特别是其表面温度较低；其二，气温突然回升并伴随丰富的暖湿气流，暖湿气流遇到冰冷物体表面时，空气中的水分就会遇冷而凝结成水珠，附着在墙壁、地板等物体表面，形成人们所说的“出水”现象，南方地区

空气比较湿润，水汽更加丰富，因此，这种现象尤为严重。有时，空气湿度甚至可以接近或达到饱和状态，使得整个环境都充满了湿润感，连天花板都在滴水。

每年 3 月至 4 月容易在我国南方地区形成准静止锋，使南方的天气阴晴不定、非常潮湿，期间有小雨或大雾，冷空气影响后物体冰冷，冰冷的物体表面遇到从南海吹来的暖湿气流后，就开始在物体表面凝结成水珠，空气湿度接近饱和，到处是湿漉漉的景象，因此产生“回南天”。“回南天”发生时往往伴随能见度下降，严重时可使能见度降至 50 米以下。

“回南天”结束通常有两种情况，一种是当北方有较强冷空气南下，干冷空气使水汽迅速蒸发，“回南天”结束；另一种是南风加强，气温持续上升，随着热量交换室内外温差缩小，室内物体表面水汽凝结现象减弱，从而使“回南天”结束。

在“回南天”中，湿度增大，“回南天”的温湿度也为细菌生长繁殖提供了便利环境，此时物品或食品很容易受潮进而霉变腐烂，衣柜里的衣物也容易受潮发霉，乃至建筑

墙体表面都容易滋长霉菌。因此，要适当采取相应的防潮措施，同时更要注意卫生，吃新鲜干净的食物，不穿有异味和潮湿的衣物，衣服要及时清洗和烘干。

“回南天”到来时，应关闭门窗，尤其是关闭朝南和东南的窗户，因为一般情况下暖湿气流是从南海吹来的，关闭向南的窗户可以防止室外暖湿气流进入。但关闭门窗后也应适当通风，防止因空气不流通而滋生病菌，同时也需要保证身体对氧气的需求。建议在湿度较小、风比较大的时候进行短时间通风，但早、晚两个时间段的湿气会比较显著，所以早晚要紧闭门窗，防止湿气进入。

“回南天”时及时更换衣物并注意保暖

防止湿气入内的同时，还要善用除湿工具，如果“回南天”出现时发现家里比较潮湿，祛湿盒、抽湿机或空调就要用起来，还可以在地板、桌子上铺上报纸来吸湿。另外，还可以自己动手制作干燥剂，用小布袋装适量石灰，扎成一小袋放在远离小朋友和宠物的地方，放置的时候戴手套做好防护。非必要不拖地，拖地要用热盐水，可提升地面温度，减少空气中的水分在地面的凝结，盐具有杀菌和祛除异味的作用，同时其中氯化镁和氯化钙成分具有吸水性，在地板变干燥后会形成结晶颗粒，有助于保持地面更长时间的干燥。

电器在潮湿的天气里要坚持经常使用，否则潮湿的空气容易造成电器短路，减损寿命，因此要预防电器因表面潮湿出现漏电或者短路造成安全事故。字画在潮湿天气中是最大受害者，在“回南天”来之前，可以用报纸包住书本，放到密封的塑料袋中，同时周围最好摆上樟脑丸、竹炭包、吸湿剂等。

总而言之，“回南天”出现时，就是要想办法避免暖湿空气进入寒冷的室内，排除发生水汽凝结的条件！

第三章 火爆的夏季

快雨知春尽，鸣禽觉夏初。

日高槐影直，风细竹声疏。

节气上以立夏作为夏天的开始，而气象上气温是衡量季节变换的标准，一般以某地区当年第一次出现连续5天日平均气温都在22℃以上的第一天作为该地区夏天的开始。我国属于季风气候区，大部分地区夏季高温多雨，全年降雨主要集中在这段时间里，各种灾害性天气，如雷电、冰雹、雷雨大风、洪涝、台风等也都多发生于夏季。

第1讲　梅雨季防湿防潮

进入夏季，“一川烟草，满城风絮，梅子黄时雨”。在江南大地，“梅雨”是夏天开始的必然仪式。每年6月到7月上、中旬，随着东亚夏季风向北推进，在中国江淮流域、长江中下游地区（宜昌以东的28°—34° N范围内或称江淮流域）、台湾地区以及日本中南部和韩国南部等地区必然出现雨期较长的连续降水过程，持续阴雨天气现象。因为时值江南梅子黄熟之时，因此被称为“梅雨”或“黄梅

雨”，同时还容易导致器物表面发霉，亦称“霉雨”。反映了古代人们对生活中自然现象细致入微的观察和形象生动的描述，该名称既体现了时令特征，又蕴含了人们对这一时期天气状况的直观感受。

雨带停留时间称为“梅雨季节”，梅雨季节开始的首日称为“入梅”，结束的末日称为“出梅”。中国南方流行着这样的谚语：“雨打黄梅头，四十五日无日头。”说的就是梅雨期间，雨带停留，持续连绵的阴雨，同时伴随空气湿度较大、气温偏高、日照时间少等主要特征。

梅雨

“乳鸭池塘水浅深，熟梅天气半阴晴。”频繁的降雨，带来气温高、湿度大等特殊的天气，对人们的身体健康也产生一定影响，同时容易引发一系列与生活相关的问题。例如，高湿度的环境非常有利于细菌和霉菌的滋长，食物变质快，还会增加呼吸道感染和过敏的风险；会使衣物、家具和房屋内部受潮，为霉菌滋长提供良好的环境，霉菌生长过程带来的异味可污染环境；湿气还会加剧关节疼痛、肌肉酸痛等症状，对关节和肌肉健康造成不利影响，特别是老年人，更要注意膝关节的保暖防寒。

在梅雨季节，天气潮湿，湿气重，常使人感到体虚疲乏、浑身沉重、食欲不振、烦心多汗等，因此，民间还有

梅雨季节适当运动

俗语“冬吃萝卜、夏吃姜”，强调的就是人类在生机外溢的时候，内部偏于虚寒，这时候就要多吃姜，温阳散寒，预防疾病。因此，在梅雨季除了合理饮食外还要多运动，保持心情愉悦。

同时，还需要注意采取一些防湿防潮的措施：

1.控制室内湿度，保持室内干燥，适度通风，减少湿气积聚。阴雨天气时注意关闭门窗，等到天晴时再打开窗户，让湿气散发出去。

2.做好个人卫生防护，保持身体干燥，勤换衣物，避免长时间穿湿衣服引起皮疹等；衣物放置在通风良好的地方晾晒，避免受潮发霉，无法晾干时，要及时将半干衣物放进烘衣机或空调房里，以免出现细菌滋长而发臭；家居用品可以使用防潮剂或潮湿吸收剂，保持干燥。

3.梅雨季节容易滋生细菌和霉菌，要定期清洁和消毒居住环境，特别是浴室、厨房、卫生间等湿度较高的地方，要保持干燥和清洁，防止细菌滋生。

梅雨季节，时晴时雨，撑把油纸伞漫步在江南的古街小巷，也是令人神往的、愉快的事情！

第 2 讲　高温天气防中暑

有谚语云："大暑小暑，有米也懒煮。"这生动反映出夏季暑天的炎热难耐，食欲降低、胃口不佳。在一年中最热的季节，农作物生长最快，同样也是人体气机散发最快的时节，合理安排饮食，减轻脾胃负担，有效提升食欲是非常重要的。

在我国，气象上把日最高气温达到或超过 35℃时的天气称为高温天气，持续 3 天以上出现高温的天气过程称为高温热浪。高温热浪对人体健康有直接的影响，包括中暑、诱发心脑血管疾病导致不适甚至死亡；高温也影响植物生长发育，使农作物减产，高温热浪加速水分蒸发，加剧干旱；高温天气的用水量、用电量急剧上升，给人们生活、生产也会带来很大影响。

炎炎夏日，烈日当空，高温天气如猛虎下山，热浪滚滚，无情地侵袭着人们的生活；同时我国大部地区旱、涝、风灾频繁出现，抢收抢种，抗旱排涝防台和田间管理等任务重，也就经常会出现工地、田间劳作过程中中暑送医的情况。户外劳作，人体长时间暴露在高温环境下，无法通

高温天气

过排汗等方式有效散热，就会导致体温调节中枢功能紊乱，从而引起中枢神经系统和循环系统障碍，诱发中暑，症状包括乏力、心慌、头晕、头痛、恶心、呕吐、皮肤干热、心跳加快，严重时可出现抽搐、昏迷等危险情况。

高温天气中，必须做好防暑降温的措施，以保护身体健康。户外劳作和活动要避开一天中最热的时段，一般 11 时至 15 时太阳光强烈是气温最高的时段，切忌在太阳下长时间暴晒，合理规划劳作时间。劳作时穿着的衣服应该选择透气性好、吸湿排汗的面料，比如棉、麻材质，颜色选择浅色。在高温天气下，人体容易出汗，要多喝水，适当补充些淡盐水，以防大量出汗后体内盐分丢失过多而导致代谢紊乱。气温高时，人的体力消耗大，容易犯困，要保持足够的睡眠时间。暑热天气饮食尽量清淡，少食高油脂食物。我国民间有三伏天饮伏茶的习俗。在浙江温州，大暑节气的习俗是煎青草豆腐，采用仙草、甘草、夏枯草与菊花、金银花等中草药煎制成豆腐形状，冷却后即可食之；在广东珠江三角洲一带民众每逢大暑当天必喝一种消暑汤即老冬瓜鲜荷叶汤。夏天还有绿豆汤、乌梅汤，也是非常好的膳食饮品。

高温天注意饮食

提高防暑意识，掌握急救知识同样关键，如遇到有人中暑，应立即将病人移到阴凉处平躺，保持环境通风，解开病人衣扣，用冷水毛巾擦拭身体，喝含盐的冷水或运动饮料，同时拨打“120”寻求帮助。

第 3 讲　暴雨来临快躲避

夏季是一个炎热而多变的季节，不仅滚滚热浪的高温天气令人热得难以忍受，还常常伴随着突如其来的暴雨。暴雨不仅会给人们的生活带来不便，还可能引发洪涝、山体滑坡等灾害和安全隐患。

暴雨是指降水强度和量均相当大的雨，我国气象部门把 24 小时降水量大于等于 50 毫米的降水称为暴雨。按日降水量的大小又分为 3 个等级，即：24 小时降水量为 50.0 ～ 99.9 毫米称暴雨、100.0 ～ 249.9 毫米为大暴雨、250 毫米以上称特大暴雨。在城市，暴雨会造成城市内涝、交通拥堵等问题，在农村往往会引发山洪、泥石流等自然灾害，带来生产停顿、道路损毁、交通停顿、房屋倒塌、人员伤亡等严重损失。

雨中的道路

在夏天雨季来临前，应当提前做好什么防范呢？首先要避免在低洼地带、山体滑坡危险区域活动和逗留，降雨过程中，大量的雨水可能会迅速积聚在地面上，超出排水系统的承载能力，造成城市内涝和农田积水；其次，对所处的房前屋后进行隐患排查，在山区地势较陡峭的地方，暴雨可能会导致大量的雨水迅速流下，带走土石，形成山洪和泥石流，在陡峭的山坡上，暴雨还会使土壤变得松软，容易发生滑坡，因此，留心附近的地质变化，查看是否有危险迹象，排查危险，根据需要进行结构加强；最后，密切关注当地气象部门的预报和预警，合理安排生产活动和出行计划，提前做好应对工作。

暴雨来临时该怎么办呢？要注意如下几点：（1）尽量避免出门，若必须外出，要确保自己的安全，最好穿胶鞋，披雨衣，一定程度上可起到对雷电的绝缘作用；（2）关闭门窗、切断电源开关、关闭燃气阀门等；（3）在积水中行走要注意观察，防止跌入窨井或坑洞中；（4）要远离路灯、高压线、变压器等设施，以防意外触电；（5）行车途中若遭遇暴雨，应打开雾灯、应急灯，减速慢行，避开积水和塌方路段，就近找安全地带停车避雨。如果遇到道路积水，寻找其他安全的路线或等待水退后再行驶，遇到洪水上涨，要

暴雨来临时关闭电闸

尽快弃车撤离到高处；（6）寻找安全的避难场所。如果所在地出现洪涝灾害或其他危险情况，应及时转移到安全的地方，避免受到伤害。

第 4 讲　冰雹落下别外出

“黑云尾，黄云头，雹子打死羊和牛。”“雹子”是冰雹的俗称，是一种坚硬的球体、锥体或形状不规则的固态降水，雹核一般不透明，外包有冰层。冰雹是由强对流天气

被冰雹砸烂的木瓜

系统引起的一种剧烈的天气现象，通常伴随着强烈的风暴和雷电，给人们的生活和财产带来严重威胁。我国发生冰雹灾害的季节常见于夏季或春夏之交，多在午后到傍晚时段出现，影响局地性强、时间较短，但来势猛、强度大，并常常伴随着狂风、强降水、急剧降温等阵发性灾害性天气过程。

在冰雹来袭时，应尽量待在室内，避免外出。选择坚固的建筑物作为避雹的场所。避免躲避在树木下、广告牌下或其他可能有飞来物的区域。非必要不外出，外出须采取防护措施，戴上安全帽、头盔等保护头部，同时穿上长袖厚衣物和长裤，以减少冰雹对皮肤的直接伤害。外出避免靠近水域，如湖泊、河流等，冰雹可能使水面泛起波浪，增加溺水的风险。

冰雹对农业的影响是极大的，其危害最主要表现在冰雹从高空急速落下，冲击力大，会砸坏植物的叶片和茎秆，导致农作物减产，也会给正在开花结果的农作物造成毁灭性的破坏。冰雹常伴有猛烈的暴风雨，直接加强了摧毁的力量，经常让人猝不及防。

冰雹还可能对建筑物和车辆造成损害。冰雹的冰块在

重力及高速风的作用下，具有非常大的冲击力，容易砸坏车辆的车窗和车顶，甚至对建筑物的屋顶和外墙造成破坏，毁坏居民房屋。

在冰雹出现前，应该密切关注当地气象部门发布的天气预警信息，了解冰雹来临的时间、范围和强度，采取应急措施，如加固温室；对旱作物尽可能采取覆盖保护、遮阳网围蔽措施；车辆停放在安全的地方，确保建筑物的结构安全，将家禽、牲畜等赶到带有顶棚的安全场所等。

冰雹来临前可以给作物加装防冰雹网

第 5 讲　雷雨天气防电击

雷雨天气是夏季比较常见的一种天气现象。雷雨一般发生在对流发展旺盛的积雨云中，降水同时伴有电闪雷鸣，雷电是在雷暴天气条件下发生的伴有闪电和雷鸣的一种雄伟壮观而又令人生畏的放电现象。雷电在自然界中常见，由于它在瞬间释放的巨大能量可能对生命财产造成破坏，因而是需要做好防御的气象灾害之一。

雷雨天的闪电

雷电对人类社会发展有巨大的威胁，是最严重的十种自然灾害之一。雷电造成的人员伤亡是气象灾害中最严重的灾害之一，每年均有雷电现象引发灾害事故的案例出现，雷电成为仅次于暴雨洪涝、气象地质灾害的第三大气象灾害[4]。

雷电一般伴随着强烈的闪电和雷声，当雷电击中建筑物、树木或人体时，可能引发火灾、爆炸，造成建筑物损坏、树木燃烧以及人员受伤甚至死亡的严重后果。从调查统计数据看，城市内雷电灾害多表现为建筑物和电气设备损坏，而农村则以危及人身伤亡为主。农村是雷电灾害的多发区，也是雷电防御的薄弱区[5]。主要原因有以下几点：雷电易在尖端放电，农田、开阔地、水域等环境发生雷击灾害的比例高，上述区域往往地势平坦，相对而言人体位置较高，宽阔田野里人体更容易被雷电击中。农村地区防御雷电的意识淡薄也是重点原因，供电线路多由电杆架空支撑，电力线、广播线等相互交叉布置，屋前屋后按需乱拉乱挂现象严重，极易造成引雷；农村房屋多为农民自建，在建设时多数没有安装雷电防护装置[5]。

在室外遭遇雷雨天气该怎么做？首先，要及时关注天气预警信息，如果可能的话尽量提前规划好室外活动，避免在雷雨天气中外出，最好做到防患于未然。其次，如果确实遭遇到了，应迅速躲入有防雷设施保护的建筑物内，具有完整金属车厢的车辆也可以作为防雷庇护所，但要避免接触开放水域，如湖泊、游泳池或者海滩，接触水域会增加被雷击的风险；也要避免躲藏在树下或者独立的金属物附近，如高树、电线杆、旗杆、干草堆、帐篷等无避雷设备的物体附近，因为这些地方会增加被雷击的风险，更要避免靠近避雷设施。如找不到合适的避雷场所，应找一块地势低的地方，双脚并拢蹲下，降低自身高度；避免在空旷场地打伞，身上尽量不要携带导电物体，不要把铁锹、锄头等带有金属的物体扛在肩上；打雷时切忌狂奔，也不宜开摩托车、骑自行车赶路。万一不幸发生雷击事件，同行者要及时报警求救，同时为其做抢救处理。

遇雷电天气时应蹲下降低自身高度

第 6 讲　台风驾到多当心

俗称的“台风”为气象上的热带气旋，生于热带或副热带洋面上，是具有有组织的对流和确定的气旋性环流的非锋面性天气尺度的涡旋统称。根据热带气旋底层中心附近风力大小分为热带低压、热带风暴、强热带风暴、台风、强台风、超强台风 6 个等级，当风速达到 12 级或以上时为台风以上级别。

台风来临前的景象

台风具有强大的能量，通常伴随着强烈的风暴降水，引发海啸、洪涝和风灾，给人类的生活和财产带来巨大威胁。首先，台风可以将大树连根拔起，吹倒建筑、房屋，台风在海洋上形成的巨大波浪，可能引发海啸，对沿海地区造成毁灭性影响；其次，台风造成的暴雨具有来势猛、强度大、范围广、持续时间长的特点，极易造成涝灾，冲毁水库、大坝、公路，还可能引发严重的地质灾害，如滑坡、泥石流等，给人们的生命财产安全带来严重威胁；最后，台风登陆时如遇天文大潮，还可能造成风暴潮灾害，导致潮水漫溢、海堤溃决、冲毁房屋、淹没农田和基础设施、冲毁堤防，导致数以万计的人遭受灾难和财产损失。

目前我国气象部门对台风的预报能力已达到较高水平，当台风刚在遥远的洋面生成时，就会被气象卫星捕捉到，因此，人们有足够的时间做好预防和准备，同时气象部门就开始对该台风进行命名编号，密切监视并进行路径、等级及风雨影响的预报。因此，人们可以关注台风预警信息，提前做好防范准备和生产活动、出行安排。

在台风来临时，面对这一强大的自然灾害，我们应该如何防御呢？

台风来临前准备好应急物品

1. 提前关注气象预报，了解台风的动态和可能的影响范围。准备必要的食品、应急灯等日用品和应急用具。同时，将花盆等易坠物品从阳台、窗台等地方搬移，避免在台风强风的影响下对人造成伤害。

2. 台风天气期间，尽量待在室内，避免外出，切勿在强风影响区域开车或行走。避免靠近海岸和河流，特别是出现风暴潮的地区，风暴潮可能引发海水倒灌，增加溺水的风险。

台风来临前尽快停止海上作业

3. 台风来临前，海涂养殖人员、病险水库下游等危险地段的人员要及时转移，采取措施加固维护农田和设施，疏通排灌沟渠，确保排水畅通。抢在台风来临前及早抢收粮食并采摘易受损的农作物，减少农作物受灾风险。

人们往往谈台风色变，然而它也有一些好处。台风带来的强风和降雨，可赶走炎热的天气，带来清凉舒适。台风带来的大雨可为江河湖泊增加水量，给干旱地区水资源进行必要的补充。随着台风所经之地，空气污染物受到洗刷，

空气质量得到有效改善。

总之，台风作为自然界的强大力量存在，有益亦有害。人类在了解台风的形成原因、充分了解其可能带来的灾害的基础上准备好有效防御措施，在气象部门的预报预警的指导下，就可以对台风做出正确的判断和应对，做到与自然和谐共处，把台风带来的损失降到最低。

台风云图

第四章 过渡的秋季

秋风萧瑟天气凉，草木摇落露为霜。

在我国，传统上是以二十四节气的“立秋”作为秋季的起点。而按照气象学的划分方法，夏季结束后，连续5天平均气温低于22℃的第一天作为入秋时间，这更符合真正意义上的“秋季”。这个阶段，气温逐渐下降，降雨和湿度也逐渐减少，万物开始从繁茂成长趋向萧索成熟。随着夏天渐行渐远，秋季也悄然跟上，白天虽然依旧温暖，但夜晚却已明显感受到丝丝凉意，慢慢就进入秋季，北方地区气温下降较为迅速，早晚温差大，南方地区依然阳光明媚，秋高气爽。

秋高气爽

第 1 讲　天干物燥多养生

进入秋季，自然界里的万物开始从茂盛走向成熟，夏季常有的猛烈的台风、暴雨、雷电等天气趋于减少，逐渐转向秋雨绵绵、秋高气爽、冷月寒霜，气候开始由夏季的多雨湿热向少雨干燥的秋季过渡。

唐人岑参诗句“长风吹白茅，野火烧枯桑”，描写的就是秋天气候干燥、风多风大的季候特点。秋季里，秋风习习，气温降低，日照时间缩短，湿度下降，作为自然的一个组成部分，很多人会发现皮肤干裂、喉咙干燥等问题也随之而来，甚至出现咳嗽、皮肤瘙痒脱皮等情况，这是因为相对湿度的下降和风力的增加引起皮肤表层水分流失导致的。

那么在入秋后如何做到合适的自我保养，顺应天时，健康而愉快地融入秋天，享受秋收的喜悦？《黄帝内经》云：“秋三月，此谓容平，天气以急，地气以明……以缓秋刑，收敛神气……使肺气清，此秋气之应，养收之道也。逆之则伤肺。”秋天养生的重点在于调整情绪和生活方式，使身体内外与自然气候相互和谐，以避免不利的秋季气候影响肺部，因此，秋季养生在于养肺。《黄帝内经》也强调“肺

秋季避免食用辛辣刺激性食物

主皮毛”，肺好，自然皮肤就好。秋季宜多食用滋阴润燥的食物，如梨、银耳、百合等。避免食用辛辣刺激性食物，以免加重体内干燥。

俗话说“春捂秋冻”，少穿一点点衣服，让身体感受到秋天的凉，锻炼人体对寒冷的耐受性，以为应付更为残酷的寒冬做准备。相反，如果此时穿得过暖，便无法让身体得到足够的锻炼，不能很好地增强身体抵抗能力。古人认为，人体和大自然的变化（如春夏或秋冬交替）规律相应则和谐，身体才会保持健康状态。

初秋时节“一场秋雨一场凉”，这不仅是一句简单的谚语，更是古人对自然规律的一种感悟和智慧。人们应该在秋雨中学会敬畏自然、感恩自然、顺应自然。在感受秋雨带来的凉爽与舒适的同时，更好地去体悟生命与自然的和谐协调。

第 2 讲　大雾天气缓出门

大雾天气是我国秋季比较常见的天气现象之一，最大的影响就是能见度显著降低，大雾对民航、高速公路、海洋航行影响较大，给行车和行人出行带来极大的隐患，容易发

雾天能见度显著降低

生交通事故。大雾天气会导致航班延误、列车晚点等交通问题，给出行带来不便。秋季天气变化较快，大雾天气可能会突然出现，在南方丘陵地区开车的朋友经常会有这种经历，突然间冲入雾区，看到一缕缕白色雾气从前挡风玻璃飘过，能见度很快就变得非常低，严重时候几乎只能看见车头。如果碰到雾天行车，一定要打开前后雾灯，及时除去挡风玻璃上的雾水，尽量减速慢行，保持车距，还需要保持冷静和耐心，避免因为交通拥堵或延误而产生不必要的紧张和焦虑，从而减少交通事故。

烟雾缥缈，常给人以仙境般的感觉，而长时间的雾霾天气不见阳光，容易令人产生压抑、烦躁等负面情绪，保持良好的心态则非常必要。大雾天气里，空气污染会比平时严重很多，隐藏着健康隐患。当人们

大雾天不要进行户外运动

在这样的环境中活动时，这些有害物质就会通过呼吸道进入人体，影响呼吸系统，引发其他疾病或加重疾病，特别是老人、儿童以及患有呼吸道疾病的人群尤其要注意，减少户外运动。

总之，大雾天要尽量减少外出，缓出行，出行则要多关注天气预报，特别在出行前了解当天的天气情况和相关道路信息，合理安排出行时间，选择合适的交通工具。如果所在地气象部门发布了大雾天气预警信号，须谨慎出行。大雾天的空气质量欠佳，待在室内时少开窗，只在合适时段短时间开窗通风，避免室内空气污浊，必须外出时则要戴好口罩。

第 3 讲　霜冻出现保护作物

秋季是气温从高到低逐渐下降的一个过渡季节，在这个季节中，霜冻现象常常出现。《诗经》中的名句“蒹葭苍苍，白露为霜”描述的正是深秋时节，破晓时分，芦苇叶片上存留着夜间的露水凝成了霜花。

出“霜”时为霜冻天，霜冻时却未必可见“霜”。霜

冻是秋、冬、春三季较为常见的农业气象灾害，是指空气温度突然下降，地表温度骤降到 0℃以下，使农作物受到损害，甚至死亡。气象观测时，霜冻分为黑霜和白霜，地表温度骤降至 0℃以下，导致相近空气中的水汽凝华附着在其表面上的冰晶就是白霜，无白霜出现的霜冻称为黑霜。霜冻会导致作物严重受损甚至死亡，给农业生产带来不小的挑战，特别是嫩叶、嫩枝和花朵等部位更容易受到冻害。此外，霜冻会阻止作物细胞内的水分流失，从而影响作物的正常生长

打霜的菜叶子

和营养吸收，削弱作物的抵抗力，使其更容易受到病虫害的侵袭。

我国是农耕国家，长期耕作积累了丰富的抗霜经验，以保护农作物，减轻霜冻带来的伤害。减轻或避免霜冻形成的方法有多种，常用的如遮盖法、熏烟法、灌溉法等防霜冻措施。水田提前灌水减缓土壤散热速度，由于水的热容量大，降温慢，田间温度不会很快下降；或者利用稻草、麦秆、草木灰、杂草、尼龙等给作物盖上“保暖的被子”，既可防止外面冷空气的伤害，又能减少地面热量向外散失，有些矮秆苗木植物，还可用土埋法，使其不致遭到冻害；或者用能够产生大量烟雾的柴草、牛粪、锯木、废机油、赤磷或其他尘烟物质来进行烟熏，在霜冻来临前半小时或 1 小时点燃，这些烟雾能够阻挡地面热量的散失，而烟

给作物盖上“保暖的被子”

雾本身也会产生一定的热量，一般能使近地面层空气温度提高 1 ～ 2 ℃，但烟熏方法要具备一定的天气条件，且成本较高，污染大气，不适应普遍推广。

当然，深秋霜冻对农作物的影响是双面的，既有伤害也有益处。比如，低温有利于植物体内的物质转化和糖分增加，所以打了霜的蔬菜往往更甜；同时适度的霜冻可以杀死一些害虫和病菌，为农作物的健康生长创造有利条件；同时，霜冻还可以促进农作物的抗逆性，使其在面对恶劣环境时更具生命力。因此，随着现代科技的发展，人们在关注天气预报霜冻预警的同时，了解霜冻发生的特点，采取有效的保护措施，利用霜冻的益处以提高农产品的质量和产量。

第五章 阴冷的冬季

北风卷地白草折，胡天八月即飞雪。

忽如一夜春风来，千树万树梨花开。

冬季，传统上是以二十四节气“立冬”作为开始的。此时万物进入“冬藏”，生机闭蓄，万物进入休养、收藏状态。

在冬季，以冬至逢壬日为起点，每“九天”算一“九”，第一个九天叫作“一九”，第二个九天叫“二九”，依此类推，一年中最冷的时期便是“三九天”。在我国农村广泛流传着民谣“九九歌”：一九二九不出手；三九四九冰上走；五九六九沿河看柳；七九河开八九雁来；九九加一九，耕牛遍地走。而自冬至节气起，就进入“三九天”，强冷空气南下频繁，气温骤降，天气寒冷。所以，冬季真正寒冷是在冬至后。

第 1 讲　寒潮过境须防御

冬季是一年中最寒冷的季节，寒潮偶发，作为一种极端的气象灾害给人们的生产和生活带来了诸多危害。寒潮是

寒冷的天气里人们穿上保暖衣物

指来自高纬度地区的寒冷空气，在特定的天气动力环境下迅速加强并向中低纬度地区侵入，造成沿途地区大范围剧烈降温、大风和雨雪天气。这种冷空气南侵达到一定标准的就称为寒潮。由于我国幅员辽阔，南方和北方气候差异很大，一般而言，北方采用的寒潮标准是：24 小时降温 10℃以上，或 48 小时降温 12℃以上，同时最低气温低于 4℃；而在南方寒潮标准是：24 小时降温 8℃以上，或 48 小时降温 10℃

以上，同时最低温度低于5℃[6]。寒潮是冬季的一种灾害性天气，对工农业生产、群众生活和人体健康等都有较为严重的影响。

当寒潮来临时，气温会在短时间内迅速下降，给所有生物健康生长带来威胁。寒冷的气温容易导致感冒、咳嗽等呼吸道疾病，尤其是对于老年人和儿童等体质较弱的人群；此外，寒潮还可能诱发心脑血管疾病、关节炎等疾病，给人们的健康带来极大威胁。寒潮的来临会带来强降温和霜冻，不利于越冬农作物的生长，温度过低时，会将农作物冻死，影响农作物的产量；寒潮还会带来大风和冻雨，会损伤果树，影响来年的产量；部分地区的寒潮会带来暴雪，暴雪会覆盖草地，大量的牛、羊可能因缺乏草料而死亡。此外，寒潮还会对交通运输、电力供应等基础设施造成影响，同时供暖需求的增加，可能导致能源供应紧张。

面对寒潮的危害，我们应该如何防御呢？要密切关注天气预报，增强安全意识和风险防范意识，及早做好防寒应对工作和安排。寒潮来临前，电力、交通运输部门应提前做好道路除雪、除冰的准备；个人应及时做好保暖措施，应对气温骤降，储备好生活必需品，应对可能出现的供应短缺。

另外，减少不必要的出行，如需出行，注意交通安全，出现地面结冰或有雪时，汽车要采取防滑措施；农作物利用遮盖法、熏烟法、灌溉法等防寒措施，保护农作物免受寒潮的侵害；畜牧业也应提前做好移场避风，修缮破损的房屋、围栏、门窗等，确保畜禽舍保温性能良好。

积雪路滑行车应注意安全

当然，凡事都有两面性，寒潮也有正面影响。寒潮携带大量冷空气向热带倾泻，使地面热量进行大规模交换，这非常有助于自然界的生态保持平衡，保持物种的繁茂。寒潮南侵时，一般会带来大范围的雨雪天气，可缓解冬天的旱情，使农作物受益。雪水中的氮化物含量高，可以大幅度提高土壤中的氮素。雪水还能加速土壤有机物质的分解，从而增加土中有机肥料。大雪覆盖在越冬农作物上，就像棉被一样起到抗寒保温作用，对来年农作物的长势有好处，这就是所谓的“瑞雪兆丰年”。寒潮带来的低温，同时也是

比较有效的“天然杀虫剂”，可抑制害虫和病菌滋生或大量杀死潜伏在土中过冬的害虫和病菌，减轻来年的病虫害。

第2讲　暴雪来了要警惕

暴雪是指大风伴随着大量降雪的天气现象。暴雪发生的时段一般集中在10月至次年4月。暴雪主要分布在东北、内蒙古大兴安岭以西和阴山以北的地区，祁连山、新疆部分山区、藏北高原至青南高原一带，川南高原的西部等地区。

白雪覆盖在汽车上

暴雪常常伴随大风、寒潮，造成低温冰冻、暴风雪、白灾（牧区对雪灾的称呼）等灾害的发生，暴雪天气通常导致交通严重受阻，铁路、公路、机场关闭，电力设施损毁，蔬菜大棚垮塌，牲畜冻死，给人民生产生活以及财产造成重大影响和损失[7，8]。

既然暴雪预测难度大且危害程度大，那么如何可以有效预防？有如下几点举措可以参考：

1. 虽然暴雪预报难度大，但有天上的气象卫星、地上的监测网站及天气雷达的监测及数值预报模型的配合，还是能有效提前监测到的。因此，密切关注气象部门关于暴雪的最新预报、预警信息是非常必要的。

2. 根据暴雪预警信号，暴雪来临前要减少外出活动，特别是尽可能减少车辆外出，已出行的应躲避到安全场所。

雪天行车注意减速慢行

交通管理部门应做好机场、高速公路、高铁、轮渡码头停航或封闭及恢复的管理；加强道路巡查，做好道路清扫和积雪融化准备工作，及时清理积雪和结冰路段。驾驶员应减速慢行，保持车距，确保行车安全。

3. 做好农业防寒措施，可采取覆盖保温、浇水保湿等措施，为农作物提供适宜的生长环境。农牧区要备好粮草，加固围栏和屋顶，将野外牲畜赶到圈里喂养，做好牲畜防寒保暖工作，注意补给饲草料，增强牲畜抗寒能力。

暴雪给人们出行带来了诸多的不便，危害农作物生长，及时做好防御减轻其带来的不利影响是必不可少的。

第 3 讲　道路结冰要防滑

一般来说，降水碰到温度低于 0℃的地面会出现结冰现象。道路结冰是指由于低温天气下，地面积水或降水（如雨、雪、冻雨或雾滴等）再遇冷而形成的一层薄薄的冰层，通常包括冻结的残雪、凸凹的冰辙、雪融水或其他原因的道路积水在寒冷季节形成的坚硬冰层。道路结冰不仅会影响行人和车辆的通行，还可能导致交通事故的发生。

道路结冰

道路结冰容易发生在11月到次年4月（即冬季和早春）的一段时间内。我国北方地区，尤其是东北地区和内蒙古北部地区，常常出现道路结冰现象。而我国南方地区，降雪一般为“湿雪”，往往属于0～4℃的混合态水，落地便成冰水浆糊状，一到夜间或者傍晚气温下降，当最低气温低于0℃就会凝固成薄薄冰层，覆盖在地表路面上，只要温度不回升到足以使冰层解冻，就将一直坚如磐石。一般地，当出现大范围强冷空气活动引起气温下降的天气时，如果伴

道路结冰时应穿防滑鞋外出

有雨雪，就很容易发生道路结冰现象。

出现道路结冰时，由于车轮与路面摩擦作用大大减弱，容易打滑，刹不住车，造成交通事故；行人也会因摩擦力不足容易滑倒，造成摔伤。遇道路结冰时，行人应尽量选择穿着有防滑功能的鞋子，如雪地靴、防滑鞋等，避免忽快忽慢或转向，步伐稳定，慢速行走，以免滑倒。此外，应尽量沿着已有的脚印或车辙行走，以减小滑倒的风险。汽车的车轮应该加装防滑链，行驶过程中，要保持稳定慢速，避免急加速、急刹车或急转弯等危险操作。

当路表温度低于 0℃、出现降水、12 小时内可能出现对交通有影响的道路结冰时，气象部门会向社会发布道路结冰预警信号。按照出现时间迟早和对交通的影响大小分为三级，分别以黄色、橙色、红色表示。公众应提高安全意识，密切关注天气预报和路况信息，合理安排出行时间和路线。在遇到结冰路面时，要保持冷静、谨慎驾驶或行走，确保自身安全。

第 4 讲　霾天注意呼吸道

霾，最早见于屈原《九歌・国殇》“霾两轮兮絷四马”一句。霾是指悬浮在大气中的大量极细小的干性尘粒、烟粒或盐粒均匀地悬浮在空气中，使水平能见度降低到 10 千米以下的一种天气现象。霾的核心物质是空气中悬浮的灰尘颗粒，气象学上称为气溶胶颗粒，其组成非常复杂，如工业废气、汽车尾气、火山喷发、燃煤排放、山火燃烧等。霾能使远处光亮物体微带黄、红色，使黑暗物体微带蓝色，比如 2024 年 3 月四川雅江山火，结果使成都天空也变成红彤彤的一片。

霾中的城市

经济发展带来了一定的空气污染，随着全球气候变暖、人口膨胀加剧、汽车尾气排量飙升，出现霾天气的日数一度呈上升趋势，近年来，通过治理蓝天越来越多，但是“霾”仍成为了公众关注的天气现象之一。

霾对人类影响有多个方面，主要表现在：

1. 影响健康。霾天中的细颗粒物（$PM_{2.5}$）会在人们毫无防范的时候侵入人体呼吸道和肺叶中，从而引发各种呼吸系统疾病、心血管系统疾病、精神健康和其他疾病等[9]。霾的组成成分非常复杂，包括数百种大气化学颗粒物质，

霾天出行应佩戴口罩

其中有害健康的主要是直径小于10微米的气溶胶粒子，如矿物颗粒物、硫酸盐、硝酸盐、有机气溶胶粒子和汽车废气等，它能直接进入并黏附在人体呼吸道和肺叶中，长期处于这种环境还会诱发严重的肺病。霾天气还可导致近地层紫外线的减弱，易使空气中的传染性病菌的活性增强，导致传染病增多。

2. 影响情绪。霾会降低能见度，阴沉的霾天气容易让人产生悲观情绪，使人精神郁闷，抗压能力差，遇到不顺心的事情甚至容易失控。

3. 影响交通安全。出现灰霾天气时，室外能见度低，污染持续，交通阻塞，事故频发。

4. 造成二次污染。光化学烟雾是一种淡蓝色的烟雾，汽车尾气和工厂废气里含大量氮氧化物和碳氢化合物，这些气体在阳光和紫外线的作用下，会发生光化学反应，产生光化学烟雾，生成二次污染物。光化学烟雾不仅对人体健康有害，还会对生态环境造成严重影响。

那么，在霾天气下，人们应如何做到自我防护？应关注霾天气预警信号，提早、及时防御。中度霾天气时应关紧门窗，减少不必要的户外活动，重度霾天气时，尽量避免户外活动，老人小孩尤其要适度减少运动量与运动强度，预防呼吸道疾病发生。患有呼吸系统疾病的人或老人、儿童等体质较弱人群宜佩戴阻力小（带排气阀的）、头戴式的工业口罩、医用口罩。新房装修，可采用全屋新风系统，既能为房间内补充氧气，又能防止有害成分进入屋内，保证身体健康。

第六章 气象灾害预警信号

2023年3月中国气象局对《中央气象台气象灾害预警发布办法》进行了修订，中央气象台根据中国气象局受权发布台风、暴雨、强对流、暴雪、寒潮、大风、沙尘暴、低温、高温、干旱、霜冻、冰冻、大雾和霾14类气象灾害预警。据气象灾害可能造成的危害和紧急程度，每类气象灾害预警最多设为Ⅰ、Ⅱ、Ⅲ、Ⅳ级，分别以红、橙、黄、蓝4种颜色对应Ⅰ至Ⅳ级标示，Ⅰ级为最高级别。各类气象灾害预警信号最多分四级，也可以少于四级。表4是中央气象台发布的14类气象灾害预警具体类别及发布等级。

我国幅员辽阔，不同区域气象灾害各有不同，各省、自治区、直辖市根据当地主要影响的灾害性天气系统略微调整部分气象预警信号的类别。如地处亚热带的广东省根据当地气候特征发布的气象灾害预警信号为台风、森林火险、大雾、雷雨大风、冰雹、高温、灰霾、寒冷、道路结冰和暴雨10类；属温带大陆性气候的新疆不受台风直接影响，发布寒潮、暴雨、暴雪、大风、沙尘暴、高温、干旱、雷电、冰雹、霜冻、大雾、霾和道路结冰13类气象灾害预警信号。

各地气象灾害预警信号各有不同，如何及时了解呢？

手机上可以关注当地天气 App，及时掌握所在地的最新预警信号发布信息，电脑上可以浏览中国气象局官网——“气象服务”栏目下拉菜单中的“气象预警”，了解全国各地最新的预警信号发布情况。

表 3　中央气象台发布的 14 类气象灾害预警及其发布等级

序号	气象灾害预警类别	红色	橙色	黄色	蓝色
1	台风预警	√	√	√	√
2	暴雨预警	√	√	√	√
3	强对流预警	√	√	√	—
4	暴雪预警	√	√	√	√
5	寒潮预警	√	√	√	—
6	大风预警	√	√	√	—
7	沙尘暴预警	√	√	√	—
8	低温预警	—	—	√	√
9	高温预警	√	√	√	—
10	干旱预警	√	√	√	—
11	霜冻预警	—	—	—	√
12	冰冻预警	√	√	√	—
13	大雾预警	√	√	√	—
14	霾预警	√	√	√	—

参考文献

[1] 全国气象仪器与观测方法标准化技术委员会.地面气象观测规范 降水量:GB/T 35228-2017[S].北京:中国标准出版社,2018.

[2] 全国气象仪器与观测方法标准化技术委员会.地面气象观测规范 雪深与雪压:GB/T 35229-2017[S].北京:中国标准出版社,2018.

[3] 张盼,王丹.东北地区玉米生产中防灾减灾措施[J].农业技术与装备,2023,(12):151-153.

[4] 殷启元,韦智嘉,余安然,等.基于案例分析的雷击伤害机制及医疗救护[J].中国急救复苏与灾害医学杂志,2023,18(11):1412-1415+1426.

[5] 王明学.许昌市农村雷电灾害发生的原因及防御措施[J].现代农业科技,2010(1):291-293.

[6] 全国气象防灾减灾标准化技术委员会.冷空气等级:GB/T 20484-2017[S]. 北京:中国标准出版社,2017.

[7] 张桂莲,霍志丽,王学强.冷垫背景下冻雨和极端大暴雪成因机制分析[J].高原气象,2023,42(3):725-733.

[8] 胡燕,刘红武,赵恩榕,等.2022年初湖南两次灾害性大暴雪成因分析[J].灾害学,2023,38(1):80-87.

[9] 任鑫冰,杨显玉,文军,等.2016年冬季四川盆地一次重度灰霾事件形成机制研究[J].高原气象,2024,43(3):775-789.